BEI GRIN MACHT SICH IHR WISSEN BEZAHLT

- Wir veröffentlichen Ihre Hausarbeit, Bachelor- und Masterarbeit

- Ihr eigenes eBook und Buch - weltweit in allen wichtigen Shops

- Verdienen Sie an jedem Verkauf

Jetzt bei www.GRIN.com hochladen und kostenlos publizieren

Klima im Umbruch. Auswirkungen und Anpassungen im Schweizer Tourismussektor

Benjamin Bally

Bibliografische Information der Deutschen Nationalbibliothek:

Die Deutsche Nationalbibliothek verzeichnet diese Publikation in der Deutschen Nationalbibliografie; detaillierte bibliografische Daten sind im Internet über http://dnb.d-nb.de abrufbar.

ISBN: 9783963562716
Dieses Buch ist auch als E-Book erhältlich.

Das Buch bei GRIN: https://www.grin.com/document/1452705

Klima im Umbruch: Auswirkungen und Anpassungen
im Schweizer Tourismussektor

Abstract

Der Klimawandel wird zu einem immer dominanteren Thema und betrifft alle Branchen, entweder weil sie klimaschädliche Gase emittieren oder weil die Auswirkungen des Klimawandels die Unternehmen beeinflussen werden. Der Tourismussektor ist beispielweise sowohl Verursacher als auch Betroffener des Klimawandels. In der vorliegenden Arbeit sollen nun die aktuellen und zukünftigen Auswirkungen des Klimawandels auf den Tourismussektor in der Schweiz untersucht werden. Im Zentrum steht die Frage, wie die klimatischen Veränderungen die Tourismusbranche beeinflussen und welche Anpassungsstrategien bereits existieren. Methodisch wurde ein Ansatz verfolgt, der verschiedene Studien und Beiträge analysiert und ein vergleichendes Fazit über die Chancen und Risiken des Klimawandels für den Tourismus zieht. Als Conclusio ist festzuhalten, dass die Schweizer Tourismusbranche insgesamt von den Auswirkungen des Klimawandels profitiert. Zwar gefährden die überproportional ansteigenden Temperaturen Teile des Wintertourismus, gleichzeitig könnte der Temperaturanstieg auch neue Möglichkeiten für den Tourismus schaffen. Durch Veränderungen im Sommer- sowie Wintertourismus können zudem die negativen Auswirkungen abgedämpft werden und gleichzeitig neue Potentiale abgeschöpft werden.

Inhaltsverzeichnis

Abbildungsverzeichnis...IV

1   Einleitung...1

2   Ausblick auf Klimaprognosen...2

3   Auswirkungen des Klimawandels auf die Schweizer Tourismusbranche........3

    3.1   Risiken des Klimawandels für die Tourismusbranche.............................3

    3.2   Chancen des Klimawandels für die Tourismusbranche...........................4

    3.3   Differenzenanalyse und Conclusio..6

4   Mögliche Anpassungsstrategien...7

5   Zusammenfassung 8

Literaturverzeichnis...10

Abbildungsverzeichnis

Abb.1 Bodennahe Erwärmung der Luft zwischen 1864 und 2020 in der Schweiz............2

Abb.2 Prozentsatz der natürlich schneesicheren Skigebiete in den Alpen unter gegenwärtigen und künftigen Klimabedingungen..5

Abb.3 Einschätzungen der durch die Klimaänderung verursachten Entwicklungstendenzen...6

1 Einleitung

„Der Bergtourismus muss sich neu erfinden – aber die Lage ist nicht hoffnungslos" (Benz, 2023, Überschrift). Dieses Zitat ist der Titel eines Artikels aus der NZZ und bringt die ambivalente Lage, in der sich die Tourismusbranche in der Schweiz im Moment befindet, auf den Punkt. Tourismus hat in der Schweiz Relevanz, immerhin hat dieser im Jahr 2022 35,4 Mrd. Franken Umsatz generiert (Schweizer Tourismus-Verband (STV), 2023, S. 4) und besitzt einen Anteil am Aussenhandel von 5% (Schweiz Tourismus, 2023, Tourismus als fünftwichtigste Exportbranche). Neben den Städten ist vor allem die Schweizer Berg- und Skilandschaft weit über die Landesgrenzen hinaus bekannt und ein beliebtes Reiseziel. Vor allem der Wintersportsektor steht vor grossen Herausforderungen und Veränderungen, angesichts der Auswirkungen des Klimawandels. In Zermatt wurde bereits 2022 der Sommerskibetrieb mangels Gletscherschnee eingestellt (Schweiz Tourismus, 2023, Klimawandel und Tourismus) und das ist möglicherweise erst eine Frühfolge der steigenden Temperaturen. Der Klimawandel kann andererseits auch Potentiale bergen und manche Teile des Tourismussektors attraktiver machen.

Diese Arbeit soll nun die Fragestellung nach der aktuellen und perspektivischen Lage des Schweizer Tourismus mit Bezug auf den Klimawandel beantworten und dabei sowohl Chancen als auch Risiken beleuchten. Die konkrete Leitfrage lautet dabei: Inwiefern betreffen die Auswirkungen des Klimawandels die Schweizer Tourismusbranche und welche Anpassungsstrategien gibt es bereits? Methodisch wird darauf geachtet, Analysen und Erkenntnisse zusammenzutragen und zu vergleichen, um so ein ganzheitliches Bild der Tourismusbranche zu erhalten.

Eine Analyse der Risiken und Chancen des Klimawandel für die Schweizer Tourismusbranche setzt Hintergrundwissen zu den Klimaprognosen für das Land voraus. Deshalb wird im zweiten Kapitel dieses Hintergrundwissen mit einhergehenden Auswirkungen dargestellt. Nachfolgend werden im dritten Kapitel verschiedene Studien und Beiträge zu den Chancen und Risiken des Klimawandels für den hiesigen Tourismus analysiert. Daraus wird ein Fazit gezogen, welches die Chancen und Risiken vergleichend einordnet. Abschliessend werden im vierten Kapitel mögliche Anpassungsstrategien der Tourismusbranche an die sich verändernden Rahmenbedingungen aufgezeigt und die Mitverantwortung des Tourismus an der Klimakrise dargestellt.

2 Ausblick auf Klimaprognosen

Zu den Klimaprojektionen für die globale und die schweizerische Temperaturentwicklung gibt es ausreichend Literatur. Gemäss dem IPCC-Bericht von 2023 schwankt die erwartete globale Temperaturzunahme bis 2100 je nach Emissionsszenario zwischen 1,5°C und 4,4°C, wobei der wahrscheinlichste Wert bei einer globalen Temperaturzunahme von 3,2°C liegt (IPCC, 2023, S. 31-33).

Die Klimaprognosen für die Schweiz unterscheiden sich vom globalen Mittel (vgl. OcCC, 2010, S.1), es wird ein Temperaturanstieg zwischen 3.5°C und 7°C bis 2100 prognostiziert (OcCC, 2010, S.1). Historische Daten zeigen, dass der Temperaturanstieg dort bereits bisher deutlich stärker und drastischer war als im globalen Vergleich, siehe Abbildung 1 (Bundesamt für Meteorologie und Klimatologie, 2021, S. 1). Dies ist auf die Lage der Schweiz in der Mitte Europas und damit im Zentrum der Kontinentalplatte zurückzuführen, denn die Erwärmung über den Ozeanen verläuft deutlich langsamer als über Landmassen, da hier die zusätzliche Wärme in tiefere Meeresschichten abgeleitet werden kann.

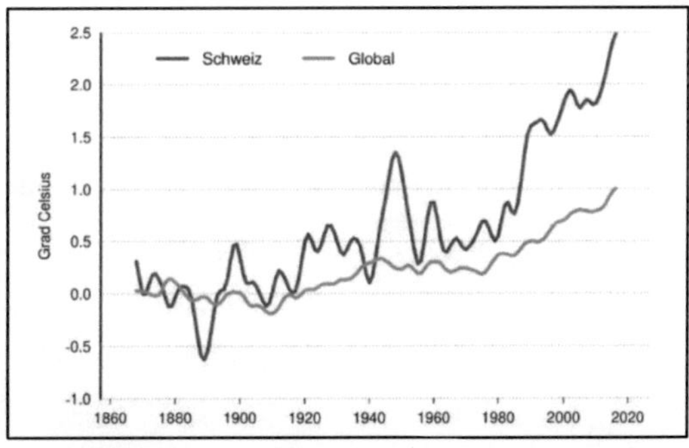

Abbildung 1: Bodennahe Erwärmung der Luft zwischen 1864 und 2020 in der Schweiz (braun) und global (orange). Dargestellt sind 10-jährige, gleitende Jahresmittelwerte der Abweichungen vom Mittel der Periode 1871-1900. (Bundesamt für Meteorologie und Klimatologie MeteoSchweiz, 2021, S.1)

Die Auswirkungen des Temperaturanstiegs in der Schweiz sind vielfältig. Einerseits zeigt sich eine Abnahme der Niederschläge im Sommer, andererseits nimmt das Risiko für Hochwasser im Frühjahr und Winter zu. Des Weiteren ist mit einer Zunahme von Trocken- und Hitzeperioden im Sommer zu rechnen (OcCC, 2010, S. 1). Darüber hinaus gehen die Prognosen von einer Verstärkung einiger bereits beobachteter Phänomene aus. Dazu gehört der anhaltende Rückgang des Gletschervolumens, welches in der Schweiz seit 1850 bereits um 60% abgenommen hat. Gleichzeitig ist die Nullgradgrenze seit 1961 um 300 bis 400 Meter angestiegen. Ein weiterer auffälliger Trend ist die Abnahme der Schneetage: Seit 1970 sind diese in Regionen unter 2000 Metern um 20% zurückgegangen (Bundesamt für Meteorologie und Klimatologie, 2023, Entwicklung von Gletscher, Schnee und Vegetation).

In tieferen Lagen wird daher in Zukunft eine noch geringere Schneesicherheit erwartet (Müller & Weber, 2008, S. 9). Der Klimawandel beeinflusst den Tourismussektor signifikant, besonders durch Veränderungen wie die steigende Schneefallgrenze, die den Wintertourismus wesentlich betreffen.

3 Auswirkungen des Klimawandels auf die Schweizer Tourismusbranche

Nachdem nun festgestellt wurde, dass klimatische und temperaturbedingte Veränderungen eintreten werden, erhebt sich die Frage nach ihren spezifischen Auswirkungen für den Tourismus. Grundsätzlich muss die Tourismusbranche differenziert betrachten werden, da der Temperaturanstieg auf diese heterogene Branche unterschiedlich wirkt. Hierbei wird der Tourismus in der Schweiz in zwei Sparten aufgeteilt, den Sommertourismus und den Wintertourismus. Gemessen an den Logiernächten ist der Sommertourismus um etwa 30% grösser (Staatssekretariat für Wirtschaft (SECO), 2022, S.24).

3.1 Risiken des Klimawandels für die Tourismusbranche

Zunächst muss klargestellt werden, dass der Klimawandel mitsamt seinen Auswirkungen die zwei genannten Tourismussparten unterschiedlich tangiert und beeinflusst, da für den Wintertourismus andere Temperaturen Voraussetzung beziehungsweise förderlich sind als für den Sommertourismus.

Das laut Logierdaten beliebteste Reiseziel innerhalb der Schweiz ist die Region Zürich (Staatssekretariat für Wirtschaft (SECO), 2022, S.24). „Gemäss Klimaprognosen für die Jahre 2021-2040 ist (…) künftig in Zürich mit einer Verdoppelung auf jährlich 44 Hitzetage mit Temperaturen über 30° Grad zu rechnen" (Stadt Zürich, ohne Erscheinungsjahr, Hitze).
Der Anstieg der Temperaturen könnte für den Sommertourismus die Notwendigkeit mit sich bringen, in neue Technologien und Infrastruktur zu investieren. Dies wäre erforderlich, um einen an das Klima angepassten, grüneren Städtebau zu fördern und so durch Vertikalbegrünung sowie die Installation von Klimaanlagen eine Hitzeminderung zu erlangen (Müller & Weber 2008, S.15; Stadt Zürich, Förderprogramm Vertikalbegrünung). Die derzeitige Beschaffenheit der städtischen Gebiete in der Schweiz ist noch nicht auf die vorausgesagte Hitze ausgelegt (Stadt Zürich, ohne Erscheinungsjahr, Hitze).

Der Wintertourismus, insbesondere der Wintersport, ist in hohem Masse vom Vorhandensein von Schnee abhängig, dessen Verfügbarkeit in der Zukunft zunehmend unsicherer wird. Bis zum Ende des 21. Jahrhunderts könnte in der Schweiz ein Temperaturanstieg von 3 °C bis 5,5 °C im Winter die Schneefallgrenze um 700 bis 1050 Meter anheben. Zudem wird die Anzahl der Schneetage in Zukunft abnehmen, und zwar umso stärker, je tiefer gelegen (Bundesamt für Meteorologie und Klimatologie MeteoSchweiz, 2018, S.12-13). Diese Veränderungen sorgen v.a. dafür, dass Skigebiete in den Voralpen bzw. generell in Lagen unter 2000 Meter Schneemangel erleiden könnten und somit entweder eine kürzere Saison haben oder ohne künstliche Beschneiung komplett schliessen müssen (Bundesamt für Umwelt BAFU, 2014, S.1). Gebiete wie Jura oder die Ost-und Zentralschweiz werden besonders stark vom Schneemangel betroffen sein (Staatssekretariat für Wirtschaft SECO, 2011, S.33), da sich diese unterhalb von 2000 Meter befinden (Müller & Weber, 2008, S.9).

Bei einer Erhöhung der Temperatur um 2 Grad Celsius wären noch 81% der heute natürlich schneesicheren Skigebiete in der Schweiz schneesicher, aber bei einer Erhöhung von 4 Grad Celsius wären es nur noch 50% (Müller & Weber, 2008, S.10). Das zeigt, wie viele Skigebiete durch den Klimawandel in Gefahr sind. Da in anderen Ländern die Schneesicherheit bei steigenden Temperaturen ein noch stärkeres Problem darstellt, verliert die Schweiz zwar absolut an nutzbaren Skigebieten, im Vergleich mit anderen europäischen Ländern gewinnt die Schweiz jedoch dazu, eine genauere Erläuterung wird hierzu im Kapitel 3.2 geliefert, welches sich mit den Chancen des Tourismus im Klimawandel auseinandersetzt.

3.2 Chancen des Klimawandels für die Tourismusbranche

Die beschriebenen Gefahren für den Wintertourismus in der Schweiz stellen zwar lokal ein Risiko dar, allerdings mit Bezug auf andere Länder ist eine andere Auswirkung erkennbar. „Im internationalen Vergleich wird die Schweiz länger, das heisst auch bei einer stärkeren Erwärmung, über schneesichere Skigebiete verfügen als die benachbarten Alpenländer." (Müller & Weber, 2008, S.10).

Abbildung 2 verdeutlicht, dass die Skigebiete in der Schweiz bei verschiedenen Szenarien des Temperaturanstiegs europaweit am resilientesten sind und die Schneesicherheit vergleichsweise hoch bleibt (Abegg B., Jetté-Nantel S., Crick F., Montfalcon A., 2007, S.112; Müller & Weber, 2008, S.10). Infolgedessen kann der Temperaturanstieg in Verbindung mit der veränderten Schneefallgrenze für die Schweiz auch eine Chance bieten. Im Vergleich zu anderen europäischen Ländern weist die Schweiz bezüglich der Skigebiete einen komparativen Vorteil auf.

In Anbetracht einer globalen Erwärmung um 2°C wird davon ausgegangen, dass etwa 80% der Schweizer Skigebiete über ausreichend Schnee verfügen würden. Im Vergleich dazu würden in Frankreich noch 65%, in Italien 68%, in Österreich 50% und in Deutschland lediglich 13% der Skigebiete als natürlich schneesicher eingestuft werden (Müller & Weber, 2008, S.9).

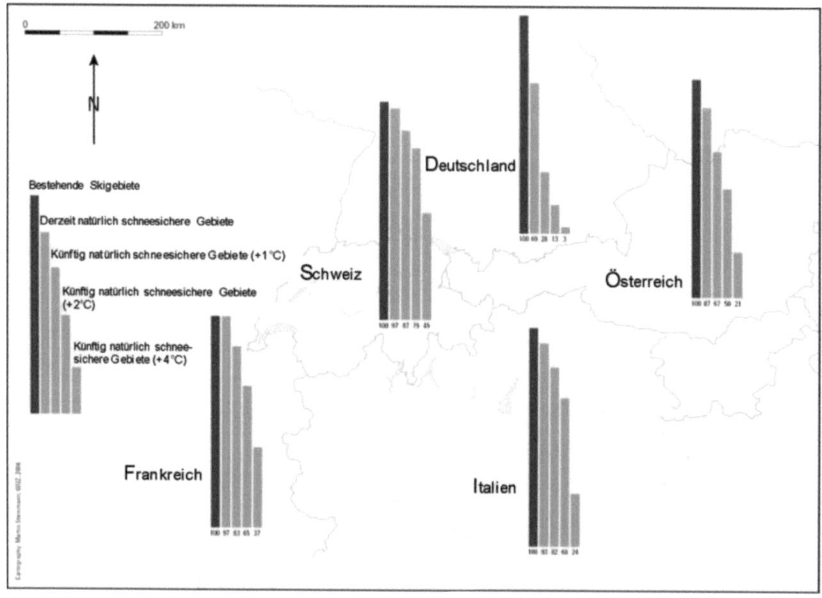

Abbildung 2: Prozentsatz der natürlich schneesicheren Skigebiete in den Alpen unter gegenwärtigen und künftigen Klimabedingungen (Abegg B., Jetté-Nantel S., Crick F., Montfalcon A., 2007, S.112)

Bei gleichbleibender Wintersportnachfrage könnten die Schweizer Skigebiete in Zukunft folglich mit einem Zustrom neuer Gäste rechnen. Die technische Ausstattung der Länder und Möglichkeiten zur künstlichen Beschneiung werden in Abbildung 2 jedoch nicht berücksichtigt. Es ist aber möglich, dass andere alpine Regionen durch einen Vorsprung bezüglich technischer Beschneiung der Skipisten den komparativen „natürlichen" Vorteil der Schweiz wieder wettmachen (Staatssekretariat für Wirtschaft SECO, 2011, S.27).

Die grössten Verlierer der Wintersaison, die Voralpen, scheinen dagegen bei steigenden Temperaturen im Sommer zu profitieren. Es wird angenommen, dass die Alpenregion in den Sommermonaten als kühlere Zufluchtsorte gegenüber den heissen und trockenen Urlaubszielen im Mittelmeerraum an Beliebtheit gewinnen (Bundesamt für Umwelt BAFU, 2014, S.1). Auch für die übrigen Regionen der Schweiz dürften die steigenden Temperaturen vorteilhaft sein, die Seenregionen können vor allem durch den Ausflugstourismus und die Städte durch eine „Mediterranisierung" profitieren, das beschreibt die Anpassung an wärmere Klimabedingungen (vgl. Müller & Weber 2008, S.14).

3.3 Differenzenanalyse und Conclusio

Zusammenfassend kann festgestellt werden, dass der Klimawandel für den Schweizer Tourismus sowohl relevante Risiken als auch Chancen bietet. Trotz eines grossen Verlierers, den Voralpen im Winter, lässt sich insgesamt ein Überhang zu den Chancen erkennen.

Es wird ersichtlich, dass die verschiedenen Regionen fast durchweg Vorteile durch die Temperaturanstiege erlangen. Diese Beobachtung wird durch Müller und Weber (2008, S.16) gestützt, die darauf hinweisen, dass „insgesamt die eröffneten Chancen für die meisten Regionen tendenziell überwiegen", wie in Abbildung 3 veranschaulicht wird. Vor diesem Hintergrund lässt sich trotz der deutlichen Einbussen für die Voralpen im Wintertourismus ein Potential für die Schweiz erkennen. Die Schweizer Alpenregionen verlieren zwar absolut an nutzbaren Skipisten, aber dieser Verlust wird wahrscheinlich durch den komparativen Vorteil kompensiert.

Gästefrequenzen Sommer		
Alpen	↗	+++
Voralpen	↗	++
Seenregionen	↗	++
Städte	↗	+
Gästefrequenzen Winter		
Alpen	→	0
Voralpen	↘	---
Seenregionen	→	0
Städte	→	0
Umsätze pro Gästefrequenz	→	0
Binnenmarkt	↗	++
Nahmärkte*	↗	++
Fernmärkte**	→	0

Abbildung 1: Einschätzungen der durch die Klimaänderung verursachten Entwicklungstendenzen (Müller & Weber, 2008, S.16)

Die vorliegenden Ergebnisse, die sich ausschliesslich auf den Tourismussektor beziehen, bieten insgesamt eine positive Perspektive für den Schweizer Tourismus. Es ist jedoch zu betonen, dass für eine ganzheitliche Bewertung der Folgen des Klimawandels auch andere Faktoren, wie beispielsweise die Migration und deren mögliche Auswirkungen auf das Land, berücksichtigt werden müssten. Die vorliegende Arbeit konzentriert sich jedoch auf die bereits diskutierten klimatischen Aspekte und deren direkte Auswirkungen auf den Tourismussektor.

4 Mögliche Anpassungsstrategien

Es gibt zwei verschiedene Arten von Anpassungsstrategien, die für die Tourismusbranche von Relevanz sind. Zunächst muss die Transformation des Tourismus zu mehr Nachhaltigkeit gelingen, da dieser rund 5% der globalen Treibhausgase (Johal et. al., 2018, S.30) bei nur 4,2% Beitrag zum globalen BIP (Johal et. al., 2018, S.14) emittiert und somit überproportional viel Emissionen verursacht und deshalb im Kontext des Klimawandels eine besondere Verantwortung hat.

Bezogen auf die Schweiz gibt es hier bereits positive Veränderungen, „Der Schweizer Tourismus nimmt die Klimaänderung ernst und ist bestrebt, einen aktiven Beitrag zum Klimaschutz zu leisten" (Müller & Weber, 2008, S.17). Als Beispiel herauszugreifen ist „Swisstainable", eine Klassifizierung von Schweiz Tourismus, der nationalen Marketing- und Verkaufsorganisation, welche sich an den Sustainable Development Goals (SDGs) der Vereinten Nationen orientiert (Schweiz Tourismus, 2023, Überschrift).

Die weitere wichtige Anpassung, die erfolgen muss, ist die tatsächliche Adaption an die sich verändernden Umweltbedingungen. Hierbei kann man zwischen drei verschiedenen Kernbereichen unterscheiden. Zunächst ist die Angebotsentwicklung besonders wichtig, da durch die sinkende Schneesicherheit auch die Winteratmosphäre abnimmt und es so zur Herausforderung wird, die Attraktivität der Alpen zu erhalten (Bundesamt für Umwelt BAFU, 2014, S.1).

Außerdem sollten die durch den Klimawandel eröffneten Potenziale für den Sommertourismus durch die Entwicklung entsprechender Angebote genutzt werden. Auch Teil der Angebotsentwicklung ist die Weiterentwicklung und Sicherung des Schneesports, das kann u.a. durch den Ausbau von künstlicher Beschneiung oder Erschliessung neuer Skigebiete in höheren Lagen geschehen (Müller & Weber, 2008, S.17).

Einen weiteren wichtigen Kernbereich stellt die Gefahrenminimierung dar. Hierbei geht es um Risikoverminderung für den Tourismus durch den Ausbau technischer Anlagen (Müller & Weber, 2008, S.17). Die Zunahme von Extremwetterereignissen als Folge des Klimawandels erfordert eine Anpassung der touristischen Infrastruktur, um dieser Entwicklung Rechnung zu tragen. Zusätzlich führen andere ökologische Veränderungen wie der Rückgang des Permafrosts und die steigende Häufigkeit von Gletscherabbrüchen zu der Notwendigkeit, spezielle Seilbahnen und Bergstationen zu errichten, die diesen neuen Gegebenheiten standhalten können (Bundesamt für Umwelt BAFU, 2014, S.1).

Darüber hinaus stellt der Ausbau der städtischen Infrastruktur zur Erhöhung der Hitzeresilienz einen weiteren Aspekt der Risikominimierung dar. Dies umfasst vor allem die Installation von Klimaanlagen und die Förderung der urbanen Begrünung.

Dem dritten Bereich, der Kommunikation, wird ebenfalls eine hohe Relevanz beigemessen, insbesondere in Bezug auf die passende Positionierung des Wintertourismus und die Sensibilisierung der Bevölkerung für die Veränderungen des Tourismus (Staatssekretariat für Wirtschaft SECO, 2011, S.38). Die wichtige Aufgabe besteht darin, "langfristiges und globales Denken mit kurz- und mittelfristigem lokalem Handeln zu verbinden" (Bundesamt für Umwelt BAFU, 2014, S.2). Die Auswirkungen des Klimawandels müssen auch Teil der Kommunikation sein, um über das Thema aufzuklären und gleichzeitig nachhaltig orientierte Kunden anzusprechen.

5 Zusammenfassung

Diese Arbeit hat sich eingehend mit den Auswirkungen des Klimawandels auf den Tourismus in der Schweiz befasst. Es wurde festgestellt, dass die durchschnittlichen Temperaturen in der Schweiz stärker als im globalen Durchschnitt ansteigen, was zu vielfältigen Konsequenzen führt. Insbesondere die Veränderungen im Schneefall und die steigenden Durchschnittstemperaturen beeinflussen den Tourismussektor. Trotz der Herausforderungen durch den Klimawandel steht die Schweizer Tourismusbranche relativ als Profiteur dar, da die sich bietenden Chancen die Risiken tendenziell überwiegen (Bundesamt für Umwelt BAFU, 2014, S.1).

Die Entwicklung und Implementierung von Anpassungsstrategien ist von zentraler Bedeutung, um sowohl Risiken zu mindern als auch Potentiale voll auszuschöpfen. Dazu gehört mit Kommunikation auch die mögliche Repositionierung des Sektors. Dabei spielt auch die Transformation hin zu Nachhaltigkeit und CO_2-Neutralität eine entscheidende Rolle, insbesondere da der Tourismussektor signifikant zur CO_2-Emission beiträgt.

Um ein umfassenderes Verständnis der zukünftigen Position des Schweizer Tourismus zu gewinnen, ist es notwendig, globale Klimaauswirkungen, einschliesslich potenzieller Migrationsbewegungen und deren Effekte auf die Tourismusbranche, zu berücksichtigen. Dazu zählt auch eine ganzheitliche Betrachtung der ökonomischen Auswirkungen des Klimawandels, da die Schweizer Wirtschaft stark mit dem internationalen Handel verflochten ist. Zudem sollte nicht unbeachtet bleiben, dass der Tourismussektor besonders anfällig für wirtschaftliche Schwankungen sein könnte, insbesondere in Zeiten gravierender klimabedingter ökonomischer Krisen. Als vergleichsweise „preiselastische" Branche könnte der Tourismus schneller auf wirtschaftliche Probleme reagieren als beispielsweise die Nahrungsmittelindustrie.

Abschliessend empfiehlt sich weitere Forschung, um das Verhältnis zwischen der Reduktion von CO_2-Emissionen und der Schaffung neuer, nachhaltiger Tourismusangebote zu untersuchen. Insbesondere wäre es von Interesse, Synergien zwischen diesen beiden Aspekten zu erforschen, um einen Erkenntnisgewinn im Kontext des Klimawandels im Tourismussektor zu erzielen (Bundesamt für Raumentwicklung ARE und Staatsekretariat für Wirtschaft, 2012, S.10).

Literaturverzeichnis

Abegg B., Jetté-Nantel S., Crick F., Montfalcon A. (2007). *Klimawandel in den Alpen: Anpassung des Wintertourismus und des Naturgefahrenmanagements*. OECD https://doi.org/10.1787/9789264016071-de

Benz, M. (2023, 04.01). *Fehlender Schnee: Der Bergtourismus muss sich neu erfinden – aber die Lage ist nicht hoffnungslos*. NZZ. https://www.nzz.ch/meinung/fehlender-schnee-der-bergtourismus-muss-sich-neu-erfinden-aber-die-lage-ist-nicht-hoffnungslos-ld.1719674

Bundesamt für Meteorologie und Klimatologie MeteoSchweiz. (2021). *Die Schweizer Temperaturentwicklung im globalen Vergleich.* https://www.meteoschweiz.admin.ch/dam/jcr:f58a837d-8cc0-4bcd-9d6f-57fa20818cfa/mch_blog_20210512_vergleich_tmp_glob_CH_D.pdf

Bundesamt für Meteorologie und Klimatologie MeteoSchweiz. (2023). *Klimawandel.* https://www.meteoschweiz.admin.ch/klima/klimawandel.html

Bundesamt für Meteorologie und Klimatologie MeteoSchweiz, ETH Zürich, Center for Climate Systems Modeling (C2SM). (2018). *Klimaszenarien für die Schweiz.* https://www.nccs.admin.ch/nccs/de/home/klimawandel-und-auswirkungen/schweizer-klimaszenarien.html

Bundesamt für Raumentwicklung ARE und Staatsekretariat für Wirtschaft. (2012). *Adaptionsstrategien des Tourismus an den Klimawandel in den Alpen.* https://www.google.com/url?sa=t&rct=j&q=&esrc=s&source=web&cd=&ved=2ahUKEwiz2LyczsaCAxWczwIHHfY2DXUQFnoECA4QAQ&url=https%3A%2F%2Fwww.seco.admin.ch%2Fdam%2Fseco%2Fde%2Fdokumente%2FStandortfoerderung%2FTourismus%2FStrategische%2520Themen%2FKlimawandel%2FAdaption_Klimawandel_Alpen_ClimAlpTour_2012.pdf.download.pdf%2FAdaption%2520des%2520Klimawandels%2520an%2520den%2520Tourismus%2520in%2520den%2520Alpen%2520-%2520Ergebnisse%2520des%2520Alpine%2520Space%2520-%2520Projekts%2520ClimAlpTour%2520in%2520der%2520Schweiz.pdf&usg=AOvVaw2rzwiRwq-vSIUtyGx36IIo&opi=89978449

Bundesamt für Umwelt BAFU. (2014). *Anpassung an den Klimawandel:*
Sektor Tourismus. Abteilung Klima
https://www.google.com/url?sa=t&rct=j&q=&esrc=s&source=web&cd=&ved=2ahUK
EwiwzqiHwsGCAxW0h_0HHaZaCf4QFnoECA8QAQ&url=https%3A%2F%2Fwww
.seco.admin.ch%2Fdam%2Fseco%2Fde%2Fdokumente%2FStandortfoerderung%2FT
ourismus%2FStrategische%2520Themen%2FKlimawandel%2FAnpassung_Klimawan
del_Sektor_Tourismus.pdf.download.pdf%2FAnpassung%2520an%2520den%2520Kli
mawandel%2520-%2520Sektor%2520Tourismus.pdf&usg=AOvVaw1yU4NUJe-
0nuFFVyxE_ect&opi=89978449

IPCC. (2023). *SYNTHESIS REPORT OF THE IPCC SIXTH ASSESSMENT REPORT*
(AR6). https://report.ipcc.ch/ar6syr/pdf/IPCC_AR6_SYR_LongerReport.pdf

Johal S., Thirgood J., Alawani K. (2019). *Analyse von Megatrends im Interesse der besseren*
Gestaltung der Zukunft des Tourismus. OECD. https://doi.org/10.1787/95ef8c1d-de

Müller, H., Weber, F. (2008). *2030: Der Schweizer Tourismus im Klimawandel.*
Forschungsinstitut für Freizeit und Tourismus (FIF) der Universität Bern.
https://scnat.ch/de/uuid/i/2809c16d-1d56-56c0-b46d-40b17dbf2932-
2030_Der_Schweizer_Tourismus_im_Klimawandel.

OcCC Organe consultatif sur les changements climatiques Beratendes Organ für Fragen der
Klimaänderung. (2010). *Klimazukunft.* https://scnat.ch/de/uuid/i/3ee08f1b-ef47-51c5-
8b59-b55a5c742770-Klimazukunft

Schweizer Tourismus-Verband (STV). (2023). *Schweizer Tourismus in Zahlen Struktur- und*
Branchendaten. https://www.stv-fst.ch/verband/aktuelles/publikationen

Schweiz Tourismus. (2023). *Klimawandel und Tourismus.*
https://report.stnet.ch/de/2022/klimawandel-und-tourismus/

Schweiz Tourismus. *Swisstainable klassifizierte Leistungsträger.*
https://www.myswitzerland.com/de-ch/planung/ueber-die-
schweiz/nachhaltigkeit/swisstainable-leistungstraeger/

Staatssekretariat für Wirtschaft (SECO). (2022). *Prognosen für den Schweizer Tourismus.*
Direktion für Standortförderung Tourismuspolitik
https://www.google.com/url?sa=t&rct=j&q=&esrc=s&source=web&cd=&ved=2ahUK
EwjL6LbGiMOCAxVfQvEDHaJUAHoQFnoECAgQAw&url=https%3A%2F%2Fww
w.seco.admin.ch%2Fdam%2Fseco%2Fde%2Fdokumente%2FStandortfoerderung%2F
Tourismus%2FNewsletter%2FNewsletter_Nov_22%2Ftourismusprognosen.pdf.downl
oad.pdf%2FDE_BAK_Economics_Tourismusprognosen_Nov_2022.pdf&usg=AOvVa
w3r2GlElMsu9jeczPkNvUpT&opi=89978449

Stadt Zürich. *Hitze.* Gesundheits- und Umweltdepartment. https://www.stadt-
zuerich.ch/gud/de/index/umwelt_energie/klimaanpassung/hitze.html#:~:text=Gemäss
%20Klimaprognosen%20für%20die%20Jahre,statt%20wie%20bisher%2020%20Trop
ennächte.

Stadt Zürich. *Förderprogramm Vertikalbegrünung.* Tiefbau- und Entsorgungsdepartement
https://www.stadt-zuerich.ch/ted/de/index/gsz/beratung-und-wissen/wohn-und-
arbeitsumfeld/foerderprogramm-vertikalbegruenung.html

Staatssekretariat für Wirtschaft SECO. (2011).
Der Schweizer Tourismus im Klimawandel Auswirkungen und Anpassungsoptionen.
Direktion für Standortförderung – Tourismus
https://www.seco.admin.ch/seco/de/home/seco/nsb-news/medienmitteilungen-
2011.msg-id-41053.html